AF389035

LA FORTUNE

PAR LA TERRE

PARIS. — IMPRIMERIE CHAIX. — 21310-10-93. — (Encre Lorilleux).

LA FORTUNE

PAR LA TERRE

PAR

A. CRÉTENS

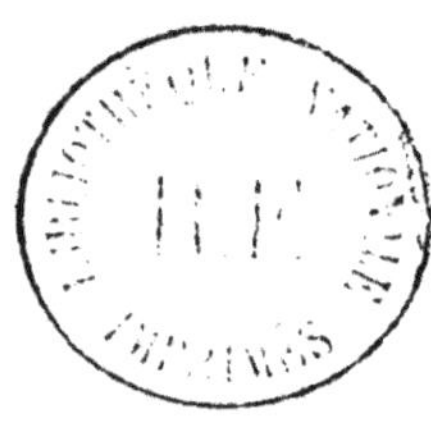

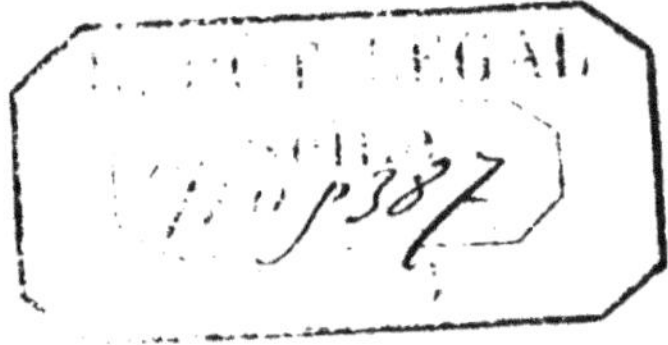

PARIS
IMPRIMERIE ET LIBRAIRIE CENTRALES DES CHEMINS DE FER
IMPRIMERIE CHAIX
SOCIÉTÉ ANONYME AU CAPITAL DE CINQ MILLIONS
Rue Bergère, 20
1893

A Monsieur Adrien Bouron,

> *Curé de Journet (Vienne).*

    A qui pourrais-je dédier cet ouvrage, sinon à vous, cher ami, qui m'avez toujours témoigné tant d'amitié ? Votre dévouement méritait certes plus que ce modeste hommage ; mais, tel qu'il est, acceptez-le comme l'expression de la plus sincère affection de votre tout devoué,

A . CRÉTENS.

Nanterre, le 8 octobre 1893.

INTRODUCTION

L'agronome qui voyage à travers les différentes parties de la France est souvent péniblement impressionné par la vue de vastes landes qui s'étendent au milieu des départements les plus fertiles, dans ceux où la Nature semble avoir accordé tout le privilège de ses largesses; aussi rien n'est plus triste que ces plaines arides qui étalent leur surface immense jusqu'aux dernières limites de l'horizon. Rien ne s'y trouve pour arrêter nos regards, à peine si quelques arbustes élancent vers le ciel leurs maigres cîmes et si l'humble bruyère daigne montrer ses pâles clochettes dans ces solitudes où tout ne serait que silence si le râle ne jetait de temps à autre son cri plaintif à travers les ajoncs dorés qui par leurs épines menaçantes paraissent vouloir exiler l'homme de ces lieux abandonnés de la Nature. Ils ne sont pas rares dans ce beau pays de France les départements où les splendeurs d'une végétation luxuriante se rencontrent avec de nombreuses friches ; il suffit de parcourir les départements de la

Somme, des Landes, de la Vienne et bien d'autres pour voir de nombreuses terres incultes qui pourraient être livrées à la culture si la sagacité des cultivateurs n'était enrayée par une absurde routine qui les empêche d'accepter toute innovation; ils s'obstinent à vouloir suivre les méthodes employées par leurs ancêtres sans tenir compte que tout progresse et que les procédés qui pouvaient donner des résultats très rémunérateurs il y a cinquante ans seraient tout à fait insuffisants pour nous permettre de lutter avantageusement dans les conditions de notre existence actuelle.

Il faut donc pour se maintenir à la hauteur de notre époque savoir accepter toutes les innovations, à la condition toutefois, comme le disait fort sagement M. Hervé Mangon, « qu'il n'y ait pas seulement amélioration abstraite, mais encore qu'il y ait amélioration lucrative ». Mais nous ne savons rien entreprendre pour la fertilisation de notre sol. Les plus grandes découvertes ont toujours eu beaucoup de peine à s'implanter chez nous. Pour ne citer qu'un exemple, le drainage qui devait donner des résultats si merveilleux, ne fut accepté de nos agriculteurs que dix ou douze ans après sa généralisation en Angleterre et en Belgique. L'initiative des agronomes d'outre-Manche avait déjà rendu à la culture six cent trente-deux mille hectares de terres, que nous en étions encore à passer notre temps à faire des essais, des expériences sur des faits que la réussite avait consacrés de l'autre côté du détroit et que nous aurions dû accepter sans hésitation si l'abominable routine n'était la cause de cet aveuglement qui nous empêche de voir, de tirer parti des innovations les plus utiles à la défense de nos intérêts, intérêts que nous sacrifions la plupart du temps par notre obstination à vouloir suivre les méthodes surannées de nos pères sans daigner nous éclairer des indications que la science moderne nous fournit avec tant de profusion. Malheureusement, nos cultivateurs emploient les procédés que la tradition leur a légués de génération en génération, sans s'occuper des perfectionnements qu'il y aurait à faire. Dans certains départements, nous voyons, à notre grande stupeur, des procédés de culture datant du moyen âge. Il est facile de comprendre que cet état de choses doit amener inévitablement la décadence de notre agriculture, car, dans notre siècle, tout avance, tout progresse ; la lutte pour l'existence qui est si vive ne nous permet pas de rester en arrière. Il faut, par tous les moyens possibles, rivaliser avec la concurrence étrangère qui nous envahit de toutes parts, et nous ruinerait complètement, si nous ne nous mettions au niveau de nos voisins. Pour arriver à ce résultat, il faut propager, par tous les moyens possibles, les connaissances agricoles. Autrefois l'agriculture qui n'était qu'un art empirique, ne donnait lieu qu'à une sorte d'apprentissage qui ne reposait sur aucune base rationnelle. Il n'en est plus de même aujourd'hui qu'il est prouvé que l'agriculture est une science sérieuse puisant ses principes dans toutes les autres. Il est donc de toute urgence d'enseigner à ceux qui tirent de la terre leur gagne-pain les rudiments de toutes les sciences se rapportant à celle qu'ils pratiquent, et on ne peut arriver à un tel résultat qu'en développant l'enseignement agricole dans nos écoles primaires. En montrant aux élèves que par ses rapports avec toutes les sciences l'agriculture est digne d'occuper les esprits les plus grands et les plus élevés, nous arrêterons l'émigration vers les villes, qui menace de devenir un véritable fléau dont le résultat principal sera le dépeuplement complet de nos campagnes. Enseignons donc aux cultivateurs les procédés qui permettent d'améliorer et d'utiliser les terres les plus inférieures, car comme le disait Olivier de Serres le père de l'Agriculture en France « il n'y a pas de mauvaises terres, il n'y a que de mauvais cultivateurs. »

Les Anglais, gens beaucoup plus pratiques que nous, ont tellement perfectionné la manière d'exploiter le sol qu'ils sont parvenus à obtenir un rendement qui dépasse de plus d'un quart celui des meilleures terres de la Brie et de la Beauce ainsi que le font voir les nombreuses statistiques que l'on a publiées dans ces derniers temps. Cependant leur climat est loin d'égaler celui de notre pays ; leur sol n'est pas meilleur que le nôtre. A quoi attribuer cette plus-value dans le rendement? Sinon à l'initiative de nos voisins, à leur désir de faire toujours mieux.

En Angleterre, l'agriculture est, en partie, pratiquée par l'aristocratie, qui se fait une gloire d'augmenter la valeur du sol par la mise en pratique de toutes les théories que la science nous enseigne. Il n'est même pas rare de voir, dans les concours agricoles, des membres de la famille royale lutter avec de simples cultivateurs pour l'obtention de récompenses qu'ils sont heureux de mériter. Il n'en est malheureusement pas de même chez nous où souvent le riche propriétaire croit s'amoindrir en s'occupant par lui-même de l'exploitation de ses domaines qu'il confie généralement à des fermiers ou à de pauvres colons dont l'ignorance ne permet pas de triompher des résistances sans nombre que le sol oppose à leur travail, sans compter la misère qui les empêche d'entreprendre quoi que ce soit pour l'amélioration des biens qui leur sont confiés; ils préfèrent rester dans le statu quo, se contentant de végéter avec les maigres ressources qu'ils finissent par se procurer à force de labeur, heureux encore quand ils peuvent par leurs économies faire honneur à leurs affaires et élever leur famille sans trop de privations. Il s'en suit que le cultivateur fait tout ce qu'il peut pour empêcher que ses enfants ne suivent une carrière qui a été pour lui si remplie d'épines; aussi se hâte-t-il d'envoyer ceux-ci à l'école avec la ferme intention d'en faire des gratte-papier, des ronds-de-cuir, qui, le plus souvent, vont grossir le nombre des déclassés dont tous les grands centres abondent, et le pauvre père qui croyait fuir un écueil ne se doute pas qu'il évite Charybde pour tomber en Scylla. Pourquoi donc ce dédain et ce discrédit dans lesquels l'agriculture est tombée? N'est-elle pas la mamelle de la France, comme le disait, au quinzième siècle, le grand Sully? Chez tous les peuples n'a-t-elle pas été vénérée avec tout le culte qu'elle méritait? Dans l'antiquité, quand les descendants de Cham quittèrent l'Éthiopie pour envahir l'Égypte, leurs princes portaient comme emblème de leur toute puissance un sceptre, ayant la forme d'un socle de charrue. Qui ne sait combien la culture était honorée parmi les Romains, et quel charme n'éprouvons-nous pas, en lisant dans leur histoire les noms des consuls et des dictateurs qu'on allait prendre à la charrue et qui, comme dit Pline : « du Capitole » où ils étaient montés triomphants » retournaient dans leurs terres enor» gueillies de se voir cultivées par leurs » mains victorieuses! »

L'agriculture a été pratiquée non seulement par les plus grands héros, mais encore par les plus grands écrivains. Hésiode, dans ses écrits, se montre aussi agriculteur que poète, et il partage avec les Xénophone, les Aristote, les Théophraste, la gloire d'avoir écrit sur les questions agricoles. Parmi les Romains, ne voyons-nous pas le grand Caton, Varron, Columelle, et enfin Virgile les dépasser tous dans ses Géorgiques. Ce dernier surtout aimait à se reposer de ses travaux littéraires en maniant la bêche de ses illustres mains dans ses terres de Mantoue.

Après de tels modèles, pouvons-nous être aussi orgueilleux, nous humbles mortels qui ne devons jamais gravir les marches de l'immortalité. Sachons comprendre que les anciens n'étaient pas dépourvus de sagesse quand ils honoraient ceux qui tiraient parti des trésors que la terre renferme dans son sein; ils comprenaient dans leur bon sens qu'il n'y a pas d'occupation plus noble que celle qui a pour but d'augmenter la valeur du sol, en le cultivant, et que rendre à la culture des terres inutilisées, c'est non seulement contribuer à la richesse nationale, mais encore accroître le bien-être de ses concitoyens par l'augmentation du travail disponible. Servons-nous des exemples qu'ont laissés nos aïeux; sachons écouter ceux qui élèvent la voix en faveur du progrès; ne fermons pas l'oreille à des conseils désintéressés qui ne sont donnés que dans le but de nous être utiles; unissons nos intelligences pour arracher du sol tout ce qu'il est en état de nous donner; réfléchissons sur tous les moyens à employer ; ne répudions pas ceux que nous n'avons pas étudiés, et méditons ces paroles si vraies et si sages de Virgile :

« Tout cède aux longs travaux et surtout aux besoins. »

LA FORTUNE

PAR LA TERRE

CHAPITRE PREMIER

Le saule, type de la famille des Salicacées,
est sans contredit un des plus beaux arbres
de nos régions. Son port élancé, les grandes
dimensions qu'il peut atteindre, feraient de
lui le plus bel ornement de nos campagnes, si les coupes réglées qu'on fait de ses
branches tous les deux ou trois ans ne
l'empêchaient de s'élever et ne lui donnaient
cette forme courte et trappue sous laquelle
il se présente généralement à nos yeux.
Partout, il se montre à nos regards, mirant

son gracieux feuillage dans l'ombre de tous les ruisseaux; le moindre souffle, la plus petite brise suffisent pour agiter ses feuilles dont le bruissement se confond avec le glouglou poétique des eaux. Son tronc, noueux et crevassé, refuge ordinaire des hiboux et des chouettes, nous étonne toujours par l'étrangeté de ses formes qui semblent le caprice même tant elles sont contorsionnées et surprenantes dans leur bizarrerie.

De tout temps, cet arbre eut le don de plaire, de charmer; tous les rêveurs le chérissent, tous les poètes le chantent, et tous, d'une voix unanime, le proclament comme une des plus belles créations de cette merveilleuse ouvrière qu'on nomme la Nature.

Tous les charmes de cet arbre précieux ne sont rien en comparaison des services qu'il rend à l'humanité de temps immémorial: ses flexibles rameaux étaient employés à une foule d'usages; de nos jours, nous ne pouvons tourner les yeux sans que nos regards ne rencontrent des objets dans lesquels il entre pour une large part soit comme matière première, soit comme ornementation. La grande facilité avec laquelle il se travaille, son extrême légèreté le font rechercher de préférence à toute autre substance pour la confection des emballages et, chaque jour, on trouve une nouvelle manière de l'utiliser.

Il n'est pas jusqu'à son écorce qui ne rende de grands services, depuis que la chimie a découvert dans ses jeunes tiges une substance amère, qu'on nomme la salicine et qui, fabriquée en grand, est utilisée comme succédané de la quinine. Il a fallu de bien nombreuses années pour faire adopter par les médecins ce fébrifuge qui était d'un usage journalier dans nos campagnes et que les savants d'alors traitaient de remède de bonne femme ! On trouve dans l'écorce non seulement de la salicine, mais encore du tanin en grande quantité, raison pour laquelle elle est très appréciée des tanneurs. On pourrait faire un volume de

1.

tous les mérites de cet arbre, mais il vaut mieux se borner et dire comme le poète :

« J'en passe, et des meilleurs. »

Les seules variétés de saule dont nous nous occuperons ici, celles qui fournissent l'osier étaient, dès les temps les plus reculés, l'objet d'une assez grande culture, et nous voyons Columelle, le grand agronome de l'antiquité, lui, consacrer une large part dans ses écrits. Voici ce qu'il dit à ce sujet :

« L'osier prospère surtout dans les terres » irriguées ou humides ; privé d'arrosage, » il peut venir encore, pourvu qu'il occupe » un lieu fertile ; le terrain qu'on lui des- » tine doit être labouré à deux fers de bê- » che jusqu'à deux pieds et demi de pro- » fondeur.

» Peu importe l'espèce plantée pourvu » que le brin soit flexible.

» On distingue trois sortes principales :

» l'osier de Grèce, l'osier de Gaule, l'osier
» des Sabins, qu'on appelle souvent osier
» d'Amérie. L'osier grec est jaune, l'osier
» de Gaule a les jets très minces et pour-
» pre-pâle, les brins d'osier d'Amérie sont
» fins et d'un rouge vif.

» On multiplie l'osier par boutures à ta-
» lon ou par le simple bouturage des pousses
» de l'année les meilleures boutures de
» cette seconde sorte sont de grosseur moyenne
» et n'excèdent pas le diamètre d'une pièce
» de deux as.

» On les enfonce le plus possible d'une
» longueur d'un pied et demi. Les boutures
» à talon sont placées dans de petites fos-
» ses, puis on les entoure de terre meuble
» avec précaution.

» Le plus grand espacement, six pieds
» en quinconce, convient aux oseraies irri-
» guées. Ailleurs, il faut planter plus dru,
» et cependant pas assez serré pour que la
» culture de la terre en soit gênée ; dans ce
» cas , il suffit d'un espacement de cinq

» pieds entre les lignes et de deux pieds
» entre les sujets dans la ligne même.

» La plantation se fait avant le réveil de
» la sève, avec des brins cueillis sans au-
» cune fraîcheur. Si on les coupait à l'état
» humide, le succès serait moins assuré.
» Qu'un beau temps soit donc choisi pour
» cette opération.

» Dans les trois premières années, les
» oseraies doivent, comme les jeunes vignes,
» être cultivées très souvent : trois sarcla-
» ges par an peuvent leur suffire ; si on
» traite d'une autre manière, elles ne tar-
» dent pas à dépérir.

» Encore quelque précaution qu'on prenne,
» la plupart des pieds finissent par mourir.
» Pour remplacer chaque souche à mesure
» qu'elle disparaît, on couche et on entoure
» de terre une pousse du pied voisin. Au
» bout d'un an, on sépare cette marcotte
» du pied mère, ainsi qu'on le fait pour
» les vignes, le nouveau sujet se suffit en-
» suite à lui-même. »

De nos jours, bien des écrivains ont traité de la culture des osiers, mais toujours sans donner au sujet qu'ils traitaient l'importance que méritait la culture d'un végétal aussi universellement employé. Ils se sont bornés à lui consacrer des brochures sans importance ou à lui octroyer une place insignifiante au milieu de leurs écrits, sans penser que cette culture, quoique peu pratiquée, occupe une superficie d'environ 300.000 hectares, dont les principaux centres de production sont les départements des Ardennes, de l'Aisne, des Landes, des Basses-Alpes, de la Gironde et de la Corrèze.

Quand on compare le peu de terres consacrées à l'exploitation de l'osier, avec les immenses surfaces de terres marécageuses et de landes que nous avons en France, on est réellement surpris de voir qu'il existe des propriétaires assez négligents ou assez ignorants pour ne pas employer des terrains qui pourraient être la source d'un très grand profit, s'ils étaient convertis en oseraies.

J'ai même très souvent vu des terrains, considérés comme impropres à toute culture, rapporter plus de 600 francs. Ce rapport, comme on le voit, n'est pas à dédaigner, il dépasse de beaucoup celui des meilleures terres de la Brie et de la Beauce, celles-ci ne rapportant guère plus de 150 francs de bénéfice net, rapport que l'on n'obtient le plus souvent qu'au prix d'un très grand travail et d'une surveillance incessante. Heureux encore, quand les variations atmosphériques ne viennent diminuer ou anéantir complè tement les récoltes, soit par d'excessives sécheresses, soit par de longues périodes de pluie ou des gelées imprévues.

Tous ces désagréments ne sont pas à redouter pour les personnes qui exploitent l'osier. La conformation de ses racines, qui se développent à une grande profondeur dans le sol, le met à l'abri des inconvénients résultant du manque d'humidité ; le contraire vient-il à se produire que la plante n'en est pas plus incommodée, celle-ci pouvant prospérer dans les terrains les plus aquatiques, même dans ceux qui sont continuellement submergés. Cette faculté de l'osier à supporter les sécheresses avec autant de facilité que l'humidité, prouve surabondamment toute l'erreur des personnes qui pensent que cette plante ne peut croître avec un réel succès qu'à la condition de se trouver dans un terrain excessivement frais ou dans le voisinage immédiat des cours d'eau.

Il suffit d'avoir tant soit peu voyagé à travers les différentes parties de la France et particulièrement dans les régions où l'on cultive la vigne, pour avoir remarqué que les vignerons n'hésitent pas à planter dans les terrains les plus exposés à la chaleur, sur le flanc des coteaux les plus abrupts, l'osier nécessaire pour la ligature de leurs vignes. Malgré ces situations exceptionnelles, où il subit toutes les ardeurs du soleil, il forme des touffes énormes, aussi vigoureuses que si elles avaient crû sur le bord d'un ruisseau. Si, comme toute autre plante, l'osier affectionne certains sols de préférence à d'autres, il n'en pousse pas moins dans les terrains les plus arides.

C'est même dans les terres abandonnées à la végétation des joncs et des genêts que je conseillerais de l'exploiter, en raison de l'extrême modicité de prix des fermages de ces genres de terres, condition qui n'est pas à dédaigner de ceux qui ne sont pas propriétaires et qui cherchent, par un moyen agréable et peu onéreux, à augmenter leurs revenus sans se donner les tracas que nécessite une exploitation agricole dans toute l'acception du mot.

Le peu de travail et le peu de surveillance qu'exige une oseraie suffirait à en faire l'occupation la plus favorable aux personnes qui ne peuvent séjourner toute l'année à la campagne, à celles surtout qui sont soucieuses de cultiver un produit se vendant avec facilité et ne craignant pas la concurrence. Toutes ces conditions, si difficiles à trouver réunies, se rencontrent dans la culture de l'osier.

C'est un fait constaté par tout le monde que la consommation de ce produit augmente de jour en jour, dans des proportions considérables, à tel point que depuis 1870 elle a presque triplé. On n'a qu'à aller le matin aux Halles centrales pour se rendre compte de la quantité de paniers de tous genres que nécessite l'alimentation de ce Gargantua de Paris, paniers qui sont en partie vendus avec la marchandise qu'ils contiennent, et qui sont perdus pour le producteur qui doit nécessairement les renouveler chaque jour pour l'emballage de ses denrées.

La quantité d'osier employée comme contenants aux Halles serait encore bien restreinte, malgré la consommation considérable qu'on y fait, si toutes les industries n'étaient pour ainsi dire son tributaire et n'étaient dans l'impossibilité de se passer de lui, soit pour l'expédition de leurs pro-

duits soit pour les contenir. L'industrie de
la vannerie occupe, d'après les derniers
renseignements obtenus, plus de trente mille
ouvriers, et rien que pour Paris, on compte
plus de cinq cents maîtres vanniers ou
fabriques. Si la plus grande partie de l'osier
trouve son écoulement pour la confection de
paniers de tous genres, la tonnellerie et les
jardiniers en utilisent des quantités immenses pour la fabrication des cercles de ton-
neaux ou pour faire des liens et ligatures.
Il serait oiseux d'énumérer toutes les formes
sous lesquelles il trouve son emploi. Qu'il
me suffise de dire que personne, petit ou
grand ne peut s'en passer, car il entre dans
la fabrication des objets les plus utiles et
les plus indispensables ; et chaque jour, il
passe entre nos mains, sous une forme ou
une autre. Comme la consommation de l'o-
sier augmente d'une façon extraordinaire,
la production ne peut plus suffire à la demande, et le producteur a toutes les peines
du monde pour satisfaire sa clientèle, quand

celle-ci n'est pas forcée de se fournir en Hollande, malgré la grande augmentation du prix de revient occasionné par les frais de douane. Dans de telles conditions il est facile de comprendre qu'on n'a pas à avoir de craintes au sujet du placement de ses produits, attendu que ceux-ci sont d'un emploi pour ainsi dire universel, ce qui est très difficile à rencontrer dans toutes les cultures spéciales qui ont ordinairement pour but de fournir telle ou telle matière première entrant dans la fabrication des produits manufacturés, dont la consommation assez restreinte est quelquefois sujette à subir toutes les fluctuations de la mode ; comme cela arrive dans la culture de matières textiles et tinctoriales où le producteur n'est jamais certain de trouver la vente de ses marchandises. Ce grave inconvénient est tout à fait inconnu dans la culture de l'osier. Celui-ci se trouvant toujours en quantité insuffisante sur presque tous les marchés, on est certain de vendre ses récoltes avec un bénéfice d'autant plus grand que la matière à vendre, est plus rare. Quant à la concurrence, comment pourrait-elle être à craindre pour une plante dont la culture est relativement si peu répandue et si peu pratiquée de la plupart des agriculteurs français et étrangers, s'il faut en excepter les Hollandais qui ont compris tout le parti qu'il y avait à tirer de la culture de l'osier. Il ne faut, s'arrêter à une crainte aussi chimérique, car en admettant que sa création prit en France une très grande extension, ce qui est presque certain, n'avons-nous pas les pays étrangers où nous pouvons exporter : l'Angleterre, la Belgique, l'Allemagne, pour ne citer que les plus proches, ceux où la culture de l'osier est presque nulle et qui fourniraient des débouchés pour le surplus de la consommation nationale. Plus on réfléchit, plus on se rend compte de l'inanité de cette crainte de la concurrence.

N'avons-nous pas un nombre incalculable

d'agriculteurs qui cultivent la betterave, le chanvre, le colza et malgré cela, chacun trouve moyen de vendre ses récoltes et avec profit. Pour quelle raison n'en serait-il pas de même pour l'osier qui est d'une utilité aussi grande que les plantes ci-dessus nommées ? Pourquoi sa culture serait-elle moins rémunératrice que celle de la betterave, par exemple, lui qui ne réclame aucun frais, pas de main-d'œuvre autre que celle qu'exige sa récolte. Cette plante vigoureuse, puisant dans ses propres forces toute l'énergie vitale nécessaire à sa croissance, ne demande pour tout soin que d'être plantée ? Pourrait-on trouver une entreprise plus favorable aux personnes ne disposant que de petits capitaux qui sont à la recherche d'une spéculation qui leur permettent, après de longues années de fatigue, passées au sein des villes de venir se reposer à la campagne ? Nulle opération n'est plus certaine ni plus apte à grossir leurs revenus que la culture de cette humble plante, qui n'exige aucun savoir, aucune connaissance spéciale, et qui est par là même à la portée de l'homme le plus ignorant des choses concernant l'agriculture. Il n'est pas jusqu'à la faible femme qui ne soit appelée à profiter des avantages que l'exploitation de l'osier donne à ceux qui l'entreprennent, puisqu'il suffit de le faire planter pour n'avoir pendant quinze ou vingt ans que le mal de le faire couper, ce qui ne demande pas plus de huit ou dix jours, suivant l'importance des plantations. Quelle est la personne qui, au milieu de ses occupations, ne peut consacrer annuellement un si court laps de temps à la ré-récolte d'un produit donnant d'aussi gros revenus ? Quant aux grands cultivateurs, aux grands propriétaires, est-il nécessaire de chercher à les convaincre ? Ne sont-ils pas appelés à tirer les plus grands avantages de la culture spéciale que je préconise ? Il y en a déjà un petit nombre qui ont créé des exploitations à leur grand profit. En recommandant cette culture, je n'ai pas la prétention d'être un innovateur, loin de là, je ne suis qu'un simple vulgarisateur qui cherche à faire connaître tous les avantages qu'il a tirés lui-même de l'exploitation des osiers. Si j'étais le promoteur de la culture que je cherche à propager, si je ne l'avais pratiquée d'une façon très sérieuse et très importante, si d'autres enfin n'en tiraient le même profit que j'en ai tiré moi-même, on serait en droit de douter de la véracité des faits que j'avance, nul n'étant infaillible, je pourrais être le jouet d'une erreur, d'un faux calcul, mais ici ce n'est pas le cas, d'autres que moi sont en mesure de confirmer mes paroles. Et puis, ceux qui ont encore quelques doutes ou quelques craintes, ne sont-ils pas libres de faire des essais sur des surfaces de terre restreintes, avant de faire la culture sur de vastes étendues ? Ils pourront acquérir de cette manière une certitude fondée sur leur expérience personnelle, et se livrer ensuite sans la moindre appréhension à **une** exploitation qu'ils avaient d'abord accueillie avec des doutes et une méfiance imméritée.

Parmi toutes les cultures spéciales, qui ont été pratiquées jusqu'à ce jour, on peut affirmer qu'il n'en est aucune qui ait donné des résultats aussi lucratifs que celle de l'osier et les rares auteurs qui en ont parlé dans leurs ouvrages sont à peu près unanimes à reconnaître que dans une exploitation bien comprise et bien installée le chiffre des bénéfices peut facilement s'élever de 600 à 1000 francs, selon les variétés cultivées. Ces chiffres, tout surprenant qu'ils paraissent, n'ont cependant rien d'exagéré, quand on pense que tout est presque bénéfice. L'osier puisant en lui-même les éléments nécessaires à sa croissance, on n'a rien à débourser pour les amendements de tous genres que nécessite toute culture. Cette particularité est généralement très appréciable, quand on connaît les sommes considérables qui sont annuellement déboursées en achat de fumures indispensables pour rendre à la terre les éléments qui ont été absorbés par la végétation des céréales. Il n'y a que des plantes dans le genre de l'osier, qui par le grand accroissement de leurs racines peuvent puiser dans les profondeurs du sol tous les principes utiles à leur végétation qui dispensent de l'emploi des matières fertilisantes : augmentant ainsi le revenu des cultivateurs par la diminution des frais d'exploitation. Depuis une cinquantaine d'années, bien des expériences ont été tentées, mais aucune, jusqu'à présent, n'a donné des résultats concluants, et la plupart des essais ont échoué piteusement, entraînant dans la ruine les malheureux cultivateurs qui s'étaient laissé séduire par l'appât d'un gain colossal.

Qui ne connaît la ramie qui nous fut importée de Java en 1844 et qui devait être la source d'une fortune rapide pour tous ceux qui devaient l'exploiter? En théorie, elle devait rapporter un bénéfice net de

904 francs par hectare, et dont le résultat pratique fut une perte sèche de 656 francs; cette plante ne pouvant croître avantageusement que dans l'extrême midi de la France et dans toutes les régions où la température de l'atmosphère ne permet pas à la terre de geler à une profondeur supérieure à dix centimètres. On pourrait multiplier les exemples à l'infini, et si je me suis aussi longuement développé sur la ramie, c'est pour faire comprendre toute l'importance qu'il y a à ne pas se laisser entraîner à la culture de plantes, exotiques dont le succès est souvent très aléatoire. Il est bien préférable et surtout plus certain de chercher à tirer parti de nos végétations indigènes, lesquelles pour être plus rustiques ne sont pas moins aptes à donner des bénéfices très élevés, sans qu'on soit dans la nécessité d'exposer de gros capitaux : ce qui a lieu dans la plupart des cas, quand on cherche à acclimater des plantes qui croissent sous d'autres latitudes que la nôtre. Ces genres

de cultures exigeant de très grandes connaissances, ne peuvent être entreprises avec
fruit que par des agronomes et sont tout à
fait en dehors de la portée des petits agriculteurs et de tous ceux qui ne sont pas
assez riches pour exposer une partie de ce
qu'ils possèdent. Ceux-là agiront prudem-
ment qui n'adopteront que des cultures
offrant toutes les garanties telles que celle
de l'osier dont le succès certain est proclamé
par tous ceux qui le cultivent. Voici ce que
l'encyclopédie de Larousse dit à ce sujet :

« Le revenu d'une oseraie varie suivant
» les circonstances. On l'estime de cinq ou
» six cents francs par hectare, tous frais
» déduits »

M. Louis Gossin, dont la compétence est
indiscutable en cette matière, arrive à peu
près aux mêmes conclusions. Il affirme
même qu'il serait excessivement facile de
dépasser ces chiffres jusqu'au point de les
doubler s'il s'agissait de produits de qualité tout à fait supérieure.

Dans mes cultures, je suis arrivé à me faire un revenu variant de 600 à 1000 francs environ, net de tous frais. Il est certain que ces chiffres n'ont rien d'absolu et qu'ils sont sujets à bien des variations dont la cause réside le plus souvent dans l'inégalité du prix de location des terres, qui n'est pas le même partout, ou dans le prix de la main-d'œuvre qui est loin d'être uniforme sur toute la surface de notre pays. La nature des terrains peut avoir aussi une certaine influence sur le rendement, mais dans aucun cas, le bénéfice ne peut descendre au-dessous de 4 à 500 francs, minimum de ce que peut rapporter une oseraie bien entretenue.

En admettant que ces chiffres fussent une généralité, ils seraient déjà plus que suffisants pour faire adopter par tous les agriculteurs cette culture, attendu qu'on arrive à tirer un pareil résultat de terres pour ainsi dire impropres à tout autre usage, et qui sont considérées comme des non-valeurs bonnes tout au plus à faire paître les moutons ou les chèvres.

Devant un rapport aussi considérable, il est certain que les personnes désireuses de s'occuper de culture n'hésiteront pas; et que dans un temps assez rapproché nous ne verrons plus ces terres incultes, qui sont si nombreuses dans certaines régions, principalement dans le centre de la France où on trouve des situations éminemment favorables à l'extension de la culture de l'osier, et où il serait facile de louer ou d'acheter des terres à des prix réellement très minimes. Dans cette partie de notre pays, le salaire des ouvriers est peu élevé; c'est pourquoi on ne saurait trop conseiller à ceux qui ne possèdent pas de propriétés rurales de se fixer dans la position que j'indique, car toutes les conditions voulues pour créer une exploitation sérieuse s'y trouvent réunies, tant au point de vue pécunier que climatérique. Le tout pour arriver à une réussite complète est de savoir trier, parmi les nombreuses variétés qui composent la grande famille des Salicacées, celles qui sont aptes à se propager dans le genre de terrain dont on dispose. Ceci est d'autant plus important que chaque espèce a ses préférences marquées pour tel ou tel genre de sol, et il arrive très souvent qu'un osier, qui est la source d'un grand rapport dans un terrain sec, est tout à fait improductif dans une terre humide. Il faut, si on ne veut s'exposer à de cruels mécomptes, attribuer à chaque race qu'on exploite le sol qui semble, par sa constitution, le mieux approprié à ses besoins et à sa nature.

Non seulement le rendement d'une oseraie tient du bon choix du plant mais la qualité du produit récolté dépend presque entièrement du sol où le végétal puise les éléments qui entrent dans sa formation. Il ne s'en suit pas, de ce qui précède, que l'osier soit bien exigeant : nullement, puisque nous trouvons des variétés pour chaque espèce de terrain, c'est au cultivateur de faire une sélection heureuse, ce qui lui sera facile, s'il a eu la prévoyance de faire une étude très approfondie de ses terres ; de cette façon il pourra se faire une idée exacte de leurs qualités et de leurs défauts, car en agriculture il ne faut rien livrer au hasard, c'est le moyen de triompher de bien des difficultés et d'éviter de nombreux écueils.

Tous les botanistes sont d'accord pour reconnaître la difficulté qu'il y a à bien classer les différentes espèces de saules, surtout dans ceux qui sont exploités pour la production de l'osier. On n'a pas la ressource alors de pouvoir étudier la conformation des fleurs, celles-ci ne se montrant jamais sur les pieds qui sont annuellement coupés ; en plus de cela, tous les membres de la famille des Salicacées portent des fleurs unisexuelles, c'est-à-dire que les fleurs femelles sont complètement séparées des fleurs mâles et sont portées par des arbres différents. On concevra toute l'aridité du travail auquel doit se livrer le malheureux botaniste dans la classification des races, quand on saura que, dans certaines espèces, les fleurs n'ayant ni corolle ni calice se montrent, sauf quelques exceptions, avant l'apparition des feuilles. Devant un aussi grand nombre d'obstacles, il n'est pas surprenant que les auteurs, qui ont traité de la culture, se soient montrés aussi brefs sur tout ce qui concerne la classification, s'il faut en excepter toutefois Gossin et surtout Bosc dans son dictionnaire. Ils se sont tous contentés des indications qu'ils pouvaient trouver par l'examen du feuillage.

Jusqu'à présent, on est en droit d'affirmer que le saule, qui nous produit l'osier, se compose d'environ une douzaine d'espèces, subdivisées en un certain nombre de variétés. En plus des osiers appartenant à une espèce distincte, on rencontre souvent des variétés hybrides obtenues par le croisement accidentel des races au moyen du pollen qui est transporté souvent à de très grandes distances, soit par le vent ou les mouches. Ces sujets sont presque toujours stériles, comme tous les produits hybrides.

Pour faciliter, autant qu'il est possible, la tâche de ceux qui seraient dans l'intention d'exploiter l'osier je me suis livré à une étude très sérieuse des espèces connues, et sans me contenter de la longue expérience que j'ai acquise dans mes cultures, j'ai consulté tous les ouvrages où j'aurais pu puiser un renseignement utile. Je n'ai pas hésité à m'adresser à de savants praticiens et à voyager à travers la Hollande pour étudier, dans les centres de production les plus importants, les procédés mis en œuvre pour augmenter d'une manière très notable le revenu déjà si considérable des oseraies. Je suis convaincu que ceux qui suivront mes conseils verront le succès couronner leurs efforts. Je vais donc commencer par passer en revue toutes les espèces d'osiers, qui sont cultivées dans les exploitations.

LE SAULE BLANC

CHAPITRE II

A tout seigneur, tout honneur. Commen-
çons par le saule blanc *(Salix alba)* type de
la famille des Salicacées. Cet arbre magnifique, qui croît sous presque toutes les latitudes, est de ceux dont la culture remonte
à la plus haute antiquité. On prétend même
qu'il était cultivé aux environs de Carthage,
et que la malheureuse Didon agita, mais en
vain, une de ses branches dans l'espoir de
faire revenir à elle l'inconstant Enée, quand
celui-ci l'abandonna. La faveur dont il était

l'objet, loin de diminuer, n'a fait que s'accroître ; et il faudrait être bien faible appréciateur du beau pour ne pas admirer cet arbre splendide qui, par son élégance, forme le plus bel ornement de tous les endroits où il se trouve. Ses feuilles légères, d'une longueur variant de 7 à 12 centimètres, sont finement découpées, comme autant de petites scies ; elles sont recouvertes d'un léger velouté qui donne à l'ensemble du feuillage cette teinte argentée qui charme tant. Autant l'arbre est beau dans son ensemble, autant ses fleurs sont insignifiantes et dépourvues de tout éclat. Elles se composent de chatons cylindriques avec une partie florale formée de deux étamines sans pétale ni calice. Le saule blanc se subdivise en un certain nombre de variétés dont les plus intéressantes sont : le *Salix vitellina* ou osier jaune et le *Salix rubra* ou osier rouge. L'osier jaune, vulgairement connu sous le nom de saule des vignes, est très reconnaissable à ses jeunes branches dont l'écorce est colorée

d'un jaune vif. C'est une variété très recherchée des jardiniers et des vignerons ; ceux-ci
le plantent souvent en forme de haies autour de leurs vignes pour les besoins de leur
culture. Il est également très estimé des
tonneliers, étant d'une bonne qualité, il
convient parfaitement pour être fendu. C'est
une des variétés que l'on cultive le plus dans
les terrains frais qui ne sont point submergés ; il prospère surtout dans les terres
fortes qui retiennent les eaux pendant l'hiver, et qui sont desséchées pendant l'été. Il
croît encore dans les terres légères surtout
quand on a l'avantage de pouvoir les
irriguer.

L'OSIER ROUGE

CHAPITRE III

L'osier rouge *(Salix rubra)*, ainsi dénommé à cause de la coloration de son écorce, est un arbre ou plutôt un arbrisseau de petite dimension s'élevant à peine à la hauteur de quatre ou cinq mètres, et qui fournit à la récolte annuelle des tiges minces ayant au moins deux mètres de longueur, garnies de feuilles allongées, d'une teinte un peu glauque sur le revers, et dont le contour est bordé de petites dents aiguës.

Dans cette variété, les fleurs se montrent

en même temps que les feuilles qui ont le grand inconvénient de ne pousser que très tardivement, par rapport aux autres espèces, ce qui nécessite de la part du cultivateur de nombreux binages ayant pour but d'empêcher que les jeunes pousses ne soient étouffées par le trop grand accroissement des mauvaises herbes.

C'est une variété dont on ne saurait préconiser la culture malgré ses sérieuses qualités ; il existe un trop grand nombre d'espèces qui lui sont supérieures sous tous les rapports, et qui ont l'inappréciable avantage de ne pas exiger une culture aussi dispendieuse au point de vue de la main-d'œuvre.

Les personnes qui, malgré tout, voudraient l'essayer dans leurs cultures, feront bien de lui donner un sol profond, argileux ; un terrain trop humide aurait cependant le défaut de le rendre trop cassant pour être fendu.

LE SAULE VIVIMAL

CHAPITRE IV

Le saule vivimal *(Salix vivimalis),* que
beaucoup de personnes confondent avec
l'osier blanc à cause de la teinte blanchâtre
du revers de ses feuilles, est cependant bien
reconnaissable à la longueur de celles-ci qui
n'atteignent pas moins de douze à quatorze
centimètres, ce qui lui a valu pendant bien
longtemps le qualificatif de saule à longues
feuilles, nom qui lui est resté, dans un grand
nombre de localités, où il n'est connu que
sous cette dénomination. Ce beau saule qui

forme un arbre pouvant s'élever jusqu'à une hauteur de cinq ou six mètres environ, a une floraison composée de chatons soyeux, précédant les feuilles de quinze ou vingt jours, suivant l'état de la température. Ses fleurs ne sont composées comme dans beaucoup de saules que de deux étamines. Cette espèce est une de celles qui renferme le plus grand nombre de variétés, toutes assez distinctes les unes des autres, à cause de la coloration de leur écorce qui est parfois verte, rouge, noire ou jaune. La longueur des jets atteint trois ou quatre mètres. Ce saule est un des plus cultivés sous forme d'osier dans les départements de l'Aisne, des Ardennes, de l'Oise, où il est recherché pour sa nature vigoureuse qui lui permet de croître dans n'importe quel sol. Il a en outre l'avantage d'être très productif et de fournir des variétés qui sont tout à fait supérieures, telles que celles à écorce rouge ou jaune; celles qui sont noires ou vertes sont généralement réservées à la grosse vannerie pour la confection des bannes et des anses de paniers, et enfin à tous les travaux qui exigent des brins longs et très gros. L'osier vivimal, malgré toute sa vigueur, est quelquefois prédisposé à contracter une maladie qui lui est occasionnée par la piqûre d'un petit insecte qui donne naissance, à l'extrémité de ses rameaux, à une sorte d'efflorescence rouge affectant, dans la majorité des cas, la forme d'une houppe ayant quelque analogie avec la célosie, queue de renard. Cette maladie peut être quelquefois la cause d'une perte assez sensible, quand elle envahit toute l'étendue d'une plantation. Il est à remarquer que le saule vivimal et le saule à trois étamines y sont plus prédisposés que les autres espèces, ce qui fait que dans certains pays on les a baptisés du nom de queues de renards, à cause de l'analogie qu'ils présentent avec cette fleur.

Malgré la perte qui peut résulter pour le cultivateur de l'envahissement de ses cultures par cette maladie, on ne peut qu'approuver hautement la préférence que beaucoup de personnes accordent à cet osier, qui ne saurait raisonnablement être condamné pour des causes aussi accidentelles. Il est peu fréquent que toute une oseraie soit attaquée par ce mal qui, dans la généralité des cas, se borne à l'envahissement d'une partie de la plantation, cette maladie n'étant nullement épidémique ni contagieuse, puisqu'elle est, comme je l'ai dit plus haut, occasionnée par la simple piqûre d'un insecte. Celui-ci reste souvent de nombreuses années sans causer le moindre dégât. Il n'existe aucune culture qui ne soit de temps à autre envahie par un parasite quelconque, soit du genre animal ou végétal.

Personne ne songe à abandonner la culture du blé, à cause du charançon, ou du seigle, à cause de l'ergot. Il est juste, il me semble, qu'il soit de même pour ces deux variétés d'osiers. Quant aux autres espèces, on peut dire qu'elles ne sont presque jamais atteintes par la maladie dont nous venons de parler, qui est toujours peu fréquente.

LE SAULE COTONNEUX

CHAPITRE V

Le saule cotonneux *(Salix lavandulæ folia)* croît, à l'état sauvage, sur le bord de toutes les rivières et de tous les ruisseaux, où il est très reconnaissable à l'ensemble de son feuillage d'un vert sombre, recouvert, ainsi que l'extrémité de ses jeunes rameaux, d'un duvet floconneux. Ses brins, qui sont très gros, atteignent souvent trois ou quatre mètres de hauteur, et sont d'une qualité très inférieure ; aussi ne peuvent-ils être d'aucun usage pour la vannerie fine et pour tous les travaux qui exigent beaucoup de souplesse. Comme on est dans l'impossibilité de le fendre régulièrement, il est inutilisable pour la tonnellerie. Cet osier ne peut servir que pour la confection des harts et des bannes.

On pourrait encore l'utiliser pour consolider les terres sur le bord des étangs et des ruisseaux, dans tous les endroits enfin qu'il faut préserver de l'action destructive des eaux.

Malgré ses rares qualités, il est cultivé dans certains pays; c'est pourquoi je lui ai accordé une petite place dans cet ouvrage, dans le but de renseigner mes lecteurs sur tous les désavantages qu'il y aurait à planter une espèce aussi dépourvue de valeur, et qui serait d'une vente bien difficile pour ceux qui se livreraient à son exploitation en grand.

SAULE DAPHNÉ

(SALIX DAPHNOÏDES ACUTIFOLIA)

CHAPITRE VI

A quelle fantaisie ont donc obéi les botanistes en baptisant ce saule du nom de la
fille de Penné? Il me semble que cette dési-
gnation mythologique lui convenait moins
qu'à tout autre, et qu'il eût été beaucoup
plus rationnel de réserver cette dénomination au *Salix laurina* ou saule laurier.
Cette espèce qui est encore peu connue de
nos planteurs, nous arrive de l'Asie, où
elle est surtout très répandue aux environs
de Bakou et sur tout le littoral de la mer

Caspienne, où elle croît avec une très grande vigueur dans tous les terrains sulfureux qui se rencontrent en grand nombre dans ces parages. Cette nouvelle variété paraît avoir de très nombreuses qualités et forme de magnifiques touffes produisant des jets très longs et très souples n'ayant pas moins de quatre ou cinq mètres de longueur ; ses feuilles alternes, fort allongées comparativement à leur largeur, sont recouvertes dans leur premier développement d'un duvet soyeux, qui donne à l'ensemble des feuilles une teinte glauque prononcée ; celles-ci se montrent en même temps que la floraison, qui se compose de fleurs à deux étamines. Les jeunes brins sont recouverts d'une poussière d'un vert ardoisé. Il serait de l'intérêt des osiéristes d'étudier avec soin cette nouvelle espèce, qui semble réunir toutes les qualités voulues pour constituer un osier de premier choix, c'est-à-dire d'avoir une très grande ténacité, point de moelle et presque pas de ramifications. Comme cette plante n'est pas encore très cultivée, je crois qu'il serait prudent de la part des planteurs de se rendre un compte exact, par eux-mêmes, de tous les mérites que l'on accorde à cette espèce, en faisant des expériences sur une petite échelle, avant de se livrer à une culture extensive de ce saule qui est appelé, selon toutes les apparences, à rendre de très grands services dans les terrains schisteux, qui sont toujours d'un emploi si difficile quand on veut les exploiter avantageusement.

LE SAULE FRAGILE

(SALIX FRAGILIS)

CHAPITRE VII

Ce saule qui est très recherché à cause de
sa rusticité, croît tout le long des rivières
où il est peut-être aussi cultivé comme
bois de chauffage que pour la production
de l'osier. Cette espèce pousse très rapidement et s'élève en peu de temps à une hauteur de vingt-cinq à trente mètres; elle pos-
sède un beau feuillage composé de feuilles
très pointues dont la partie supérieure,
d'un vert brillant, laisse voir, quand le
vent les agite, leurs revers qui est d'une

jolie nuance plombée. L'écorce des jeunes tiges est généralement d'un vert clair et peut, selon les variétés, devenir rouge, violette ou grise ; les brins s'élèvent tous les ans à une hauteur moyenne d'un mètre cinquante à deux mètres, selon les lieux où l'osier est planté. Ce saule est de seconde qualité ; il a le grand défaut d'être un peu trop enclin à se ramifier, ce qui a le grave inconvénient de fournir des brins peu élastiques et très sujets à se rompre lors de la torsion. Toutefois, il est à remarquer que lorsque le *Salix fragilis* est planté dans un sol peu humide, il donne des jets plus souples et se brisant moins facilement aux nœuds des ramifications. Il en est de même de presque tous les osiers, car il est connu de tout le monde que l'excès d'humidité nuit beaucoup à la qualité de certaines espèces, en favorisant trop l'accroissement de la moelle au détriment du système fibreux, ce qui rend la plante cassante et peu flexible.

Malgré tous ses défauts, le saule fragile est d'une culture très répandue, étant apte à se propager dans tous les terrains, il est inappréciable pour planter, dans les terres humides, quoi qu'il soit dans ce cas inférieur comme qualité; il est d'une vente très facile pour les travaux de grosse vannerie, étant beaucoup plus productif dans les terrains humides; la quantité supplée à la qualité, c'est donc une espèce qui n'est pas à rejeter, et, dans bien des cas, il peut être la source d'un très grand profit pour les cultivateurs, qui auront l'intelligence de ne le planter que dans des terrains complètement dépourvus de valeur.

SAULE A UNE ÉTAMINE

(SALIX PURPUREA)

6.

CHAPITRE VIII

Ce saule forme un buisson, s'élevant à
peine à la hauteur de trois mètres; il est
très reconnaissable à ses feuilles qui sont
tantôt alternes et tantôt opposées. Cette simple particularité suffirait à le distinguer de
toutes les autres espèces connues, si son as-
pect court et trappu ne lui donnait déjà
une physionomie particulière. Ses feuilles
sont de dimensions très variables, ordinairement d'un vert grisâtre, et deviennent
parfois dans certaines variétés d'un vert

assez éclatant. Ses tiges annuelles s'élèvent à une hauteur qui ne dépasse guère un mètre ou deux au plus, et ont l'écorce de nuance rouge, pourpre, verte, violette et noire. Cette espèce se subdivise en plusieurs variétés dont les principales sont: le *Salix sericea* et le *Salix lambertina*.

Le saule à une étamine est de tous les saules cultivés celui qui a les rameaux les plus souples et les moins gros; c'est ce qui explique pourquoi il est si recherché en vannerie, pour les travaux de luxe qui exigent des brins surtout très flexibles. Il n'est pas moins apprécié des jardiniers pour palisser les espaliers; il jouit également d'une grande préférence pour être fendu.

Cet osier est un des plus productifs et convient principalement pour être planté dans les terrains secs, où il supporte admirablement les sécheresses prolongées, surtout si on le cultive pour l'industrie de la tonnellerie. Planté dans un terrain humide, le saule à une étamine est plus susceptible

que les autres espèces à prendre le gras,
selon l'expression technique, ce qui signifie
devenir plus difficile à fendre. Si on le cultive pour la vannerie, on peut sans désavantage lui donner un sol frais ; mais, dans
aucun cas, il ne faudrait le planter dans
des lieux marécageux où il ne ferait que
perdre toutes les qualités, qui font de
lui un osier de premiere ordre. Cependant il
peut rendre de très grands services pour le
soutènement des terres le long des cours
d'eau et des torrents, car ses branches, ram-
pant un peu sur le sol, se marcottent
d'elles-mêmes, en jetant autour d'elles une
foule de petites racines : aussi ne pourrait-
on trouver une meilleure espèce pour cet
usage, mais alors il ne faudrait pas songer
à tirer grand profit d'une telle plantation,
faite dans des conditions si contraires aux
besoins de la plante.

LE SAULE A TROIS ÉTAMINES

(SALIX TRIANDRA)

CHAPITRE IX.

Cette espèce est assez cultivée dans le département des Ardennes où elle est quelquefois appelée saule à feuilles d'amandier, à cause de la ressemblance qu'offrent ces dernières avec celles du saule qui nous occupe, plus cette différence que, chez le *salix triandra*, elles sont plus longues et plus effilées. Contrairement à l'opinion d'un très grand nombre d'auteurs, je crois qu'il serait bien enfantin de classer une espèce, en s'en rapportant à la longueur plus ou moins grande des feuilles, attendu que celles-ci sont sujettes à des variations dépendant soit de la nature du sol ou de la différence d'âge des arbres étudiés. Il est, je crois, bien préférable de s'en rapporter aux caractères généraux de l'arbre plutôt qu'à toutes sortes de détails insignifiants, qui ne servent qu'à embrouiller le planteur, sans lui être d'aucune utilité.

Le saule à trois étamines est aussi facile à reconnaître que le *salix purpurea* ayant l'habitude de perdre, tous les ans, son écorce quand il a atteint une certaine dimension. Il est inutile de dire que cette particularité ne s'applique pas aux jeunes rameaux ; ceux-ci atteignent environ un mètre ou deux dans les oseraies, et l'arbre adulte s'élève tout au plus à une hauteur de 10 ou 12 mètres. L'écorce des jeunes brins est brune et devient dans quelques variétés d'un beau vert éclatant ou d'un jaune de chrome brillant.

Les fleurs en longs chatons d'un vert jaunâtre ont, comme le nom l'indique, trois étamines. Cette espèce renferme un grand nombre de variétés de qualités inégales. Je crois que le planteur ne doit cultiver que celles ayant une écorce d'un brun rougeâtre, car elles sont bien supérieures à toutes leurs congénères et d'une vente plus courante. Il est bon de faire remarquer que le saule à trois étamines est toujours cultivé pour être pelé : employé autrement il est d'un mauvais usage, étant sujet à pourrir. En résumé, le salix triandra sera avantageusement cultivé dans tout sol frais et humide. Les terrains tourbeux peuvent même être employés, à la condition qu'il y ait une certaine épaisseur de terre végétale.

LE SAULE A CINQ ÉTAMINES

7.

CHAPITRE X

Ne terminons pas la nomenclature des principales espèces de saules, sans nous arrêter à cette magnifique race que l'on peut réellement classer parmi les plus belles qui existent. Tout est séduisant dans cet arbre charmant, qui se distingue de ses semblables par le parfum aromatique qui s'exhale de toutes ses parties. Cette espèce a une certaine analogie avec le saule laurina ; néanmoins, un examen un peu attentif suffit pour le distinguer immédiatement. La diffé-

rence seulement existe dans la conformation de ses feuilles qui sont beaucoup
plus arrondies dans le saule laurier
que dans celui à cinq étamines qui les a
plus longues et fortement dentelées sur
tout leur contour. Bien qu'il soit nommé
saule à cinq étamines, il lui arrive fort
souvent d'en avoir six, sept et même huit.
Son écorce est ordinairement verte et peut
devenir d'un rouge brique. Ses rameaux
atteignent rarement plus de deux mètres
d'élévation et ne peuvent être considérés que
comme produits de seconde qualité. Malgré
ce désavantage, sa culture ne doit pas être
abandonnée, car il est tellement vigoureux
et d'une production si abondante que ces
dernières qualités sont une large compensa-
tion pour les défauts qu'il peut avoir. Il a
encore un très grand mérite qui milite en
sa faveur, c'est qu'en raison de sa vigueur
étonnante il croît aussi bien dans les terres
sèches que dans celles qui sont humides,
sans que dans ces dernières sa qualité s'a-

moindrisse et que dans celles qui sont arides sa production diminue. J'ai même souvent remarqué, autour du mont Valérien, une petite oseraie composée de saules à cinq étamines et qui, dans une situation exceptionnellement défavorable, fournissait des touffes que l'on peut franchement qualifier de gigantesques.

Les personnes peu au courant de la culture peuvent être convaincues de la réussite de leur entreprise, en choisissant cette race pour la création de leurs exploitations : car il n'en est pas de plus rustique, ni d'une vente plus facile.

J'aurais pu parler de beaucoup d'autres espèces de saules, mais j'ai pensé qu'il était préférable de me borner à l'énumération des races les plus cultivées. C'est le seul moyen de ne pas embrouiller le lecteur, en l'entretenant de certaines races n'ayant aucune valeur commerciale, dont la vente est fort problématique quand elle n'est pas impossible.

CHOIX DU TERRAIN

CHAPITRE XI

Tous les végétaux puisant la plus grande
partie des éléments qui les constituent dans
le sol, il faut donc, comme je l'ai déjà dit,
fournir à chaque végétal le terrain où il
pourra puiser ce qui lui est indispensable
pour assurer sa vitalité. Ce principe est tellement absolu que dès qu'on prive la terre
d'une de ses substances fondamentales, les
plantes ne tardent pas à avoir une végétation
languissante et même à périr. On peut
affirmer, avec un célèbre chimiste, que

la terre a une moins grande action sur la
végétation que certaines matières qui entrent dans sa composition. Pour prouver cette
théorie, M. Arthur Gris a fait croître des
pommes de terre magnifiques dans du verre
pilé qu'il arrosait, deux fois par jour, avec
de l'eau contenant en solution tous les principes chimiques dont la terre est formée;
c'est pourquoi nous voyons journellement,
dans les campagnes, des cultivateurs corri-
ger les défauts que peuvent avoir leurs terres
au moyen d'amendements, qui ont pour
but de donner au sol ce qui lui manque
pour être fertile ou pour lui rendre les substances que par des cultures successives les
végétaux ont absorbées pour le développement de leurs organes. Tout ce que perd le
terrain se trouve dans la plante, et il suffirait de l'enfouir pour que par sa décompo-
sition un équilibre continuel s'établisse entre
les forces perdues et celles qui sont resti-
tuées. Toutes les plantes n'épuisent pas le
sol de la même façon : l'une absorbera plu-

tôt tel élément, tandis qu'une autre ira puiser dans le sous-sol tout ce qui lui est nécessaire; c'est ce qui arrive, le plus souvent, pour toutes les végétations arborescentes; dans ce cas les amendements et les fumures ne sont d'aucune utilité. Les racines, s'étalant sur une très grande surface, peuvent puiser au loin ce qu'elles ne peuvent trouver au lieu même où est située leur partie pivotante; c'est ce qui explique pourquoi la partie supérieure a une moins grande action sur la croissance de l'osier que la profondeur du sous-sol où il peut puiser la fraîcheur qui lui est nécessaire. Comme dans les différentes races de saules, il en est de plus ou moins robustes, il est bon d'étudier conjointement le sol et la plante, afin d'être à même de bien les approprier l'un à l'autre. La composition du terrain étant excessivement variable sur une surface de terre souvent peu étendue, il arrive très fréquemment qu'un osiériste est forcé de pratiquer la culture de plantes de races différentes, pour donner à chacune d'elles la terre qui lui est propice ; c'est le seul moyen d'avoir une récolte abondante et générale sur les différents points d'une exploitation. Le rapport de l'osier est tellement considérable que le cultivateur ne devra pas hésiter à utiliser toutes ses terres, même les meilleures ; et il peut être convaincu que la récolte augmentera en proportion de la qualité du sol. Au lieu d'avoir un revenu de 600 francs par hectare, le bénéfice s'accroîtra jusqu'aux environs de 1000 francs.

Quant aux mauvaises terres, je crois qu'il est déjà très beau d'en obtenir un revenu de 600 francs, et il faudrait être bien exigeant pour en demander davantage.

Les terres qui conviennent le mieux à la culture de l'osier sont, sans contredit, celles qui renferment une notable quantité d'argile et qui sont très profondes ; cependant si la quantité d'argile ou silicate d'alumine dépassait quatre-vingt-cinq pour cent, on aurait plus d'avantage à utiliser ces terres pour la fabrication des briques et des poteries. Tout terrain ne renfermant que quarante pour cent d'argile convient à la culture des osiers de premier choix si, bien entendu, le sous-sol perméable permet bien l'écoulement des eaux, autrement ces terres conviendraient mieux à des saules de seconde qualité, tel que celui à cinq étamines. Les terres argilo-calcaires, contenant en grandes proportions de la chaux et de l'argile, sont très favorables à l'exploitation des bonnes races, telles que l'osier vivimal et l'osier jaune; la présence des matières calcaires étant on ne peut plus favorable au développement des saules, car le carbonate de chaux est réclamé par tous les végétaux indistinctement.

Il est de la plus grande utilité d'assainir toutes les terres qui doivent servir à l'exploitation des osiers, à moins qu'on ne pratique la culture spéciale aux lieux marécageux que je décrirai plus loin.

8.

Il est bien préférable de ne pas hésiter à faire l'assainissement de tout sol ne permettant pas le libre écoulement des eaux. Il n'est pas rare de voir des marais assainis donner un rapport très considérable et produire un revenu presque double de ce qu'ils auraient rapporté sans ce travail préalable.

Les endroits qui reçoivent de temps à autre une inondation passagère, sont très propices à cause de l'alluvion que déposent chaque fois les eaux en se retirant : ce qui favorise singulièrement la végétation des plantes. En admettant même, que les matières vaseuses, ainsi déposées, fussent peu fertiles, elles auraient toujours l'avantage de rechausser les souches qui ont toujours une tendance à se dégarnir. Ceux qui seraient dans l'intention d'acheter ou de louer des terres, feront bien d'accorder la préférence aux endroits qui, par leur situation, sont annuellement inondées ; on s'évitera ainsi le travail de recharger les oseraies tous les trois ou quatre ans, comme cela doit se faire.

Le sous-sol tourbeux a toujours été considéré par les hommes de la partie comme excessivement favorable à la quantité, mais à la condition que la tourbe soit recouverte d'une épaisse couche de terre végétale. Il ne faudrait pas songer à faire une plantation, si la tourbe se trouvait à fleur de sol ; dans ce cas l'enracinement serait trop faible pour résister à l'ébranlement des pieds, occasionné par les coupes annuelles, et on ne tarderait pas à voir périr les jeunes souches, les unes après les autres. Il faut toujours que la couche de bonne terre ait au moins trente à quarante centimètres, pour que l'on soit certain de réussir.

Le planteur devra encore veiller, avec un soin tout particulier, à ce qu'il n'y ait pas d'arbres, dans le voisinage de ses cultures : l'ombre étant extrêmement défavorable à l'osier qui exige beaucoup d'air. L'entourage de toute végétation arborescente aurait encore pour résultat d'épuiser le sol par les grandes racines, qui se propagent en tous sens, au détriment des plantes qu'elles rencontrent sur leur parcours.

Tout terrain devant servir à la création d'une oseraie doit recevoir l'hiver qui précède la plantation un défoncement d'autant plus profond que la terre est plus compacte; s'il est meuble, on se contente d'un labour à la bêche d'environ quarante à cinquante centimètres. Quand on procède sur une très grande échelle, il faut avoir recours à la charrue; ce qui permet de faire beaucoup d'ouvrage en peu de temps et à moins de frais. Il est bon de dire que ce dernier procédé est loin de donner des résultats aussi satisfaisants que le travail fait à la main.

Bien que nombre de cultivateurs prétendent que, pour une plante aussi rustique, le défoncement soit superflu, je crois qu'on ne pourrait arriver à une réussite complète, sans cette préparation du sol qui a l'avantage de permettre à l'osier de chercher dans les profondeurs de la terre la fraîcheur qui lui est indispensable, et de détruire toutes les mauvaises herbes ainsi que leurs graines qui, si on les laissait, occasionneraient par la suite de nombreux binages pour les détruire. Malgré tout le profit qu'on retire de bien préparer le terrain, beaucoup de personnes se contentent de planter simplement dans des terres qui ne sont même pas labourées. Certes, c'est très économique, mais de résultat médiocre. Dans des conditions aussi défavorables, le bénéfice se chiffre par une moyenne de 200 à 250 francs par an et par hectare. Comme on le voit, on a tout intérêt à faire quelques sacrifices au commencement, puisqu'on se rattrape largement par l'augmentation des revenus.

Les frais consacrés au défoncement ne sont pas très considérables, surtout quand on réfléchit que ce travail est le seul que nécessitera l'oseraie pendant toute sa durée, soit quinze ou vingt ans. Les cultivateurs sérieux ne reculeront pas devant des frais qui sont si minimes, en comparaison des bénéfices qui leur sont réservés, s'ils ne lésinent pas sur l'indispensable.

Dès les premiers jours du printemps, quand le soleil commence à resécher la terre, on procède à un bon ratissage ou hersage selon l'importance des cultures ; ensuite on fait passer le rouleau pour bien tasser le sol de manière à broyer toutes les mottes et d'empêcher que l'air ne circule en trop grande abondance à travers les interstices de la terre; ce qui aurait le défaut de retirer à celle-ci toute la fraîcheur qui est si utile à l'osier quand il vient d'être planté. Il est superflu de dire que le roulage n'est de rigueur que pour les terres légères, dépourvues de toute consistance. Cette opération aratoire serait sans sujet et même nuisible pour les terres fortes et humides, qui sont déjà assez compactes par elles-mêmes.

Quand tout le travail préliminaire est terminé, on dispose le terrain en longues planches en ados d'environ quinze ou vingt mètres de largeur, et séparées par des fossés ayant de distance en distance des barrages destinés à retenir toutes les eaux pluviales et à donner de la fraîcheur aux terres environnantes, ce qui est de la plus grande urgence, quand on pratique sur un sol aride.

Emploie-t-on des terres très humides, ces canaux dépourvus de barrage ont pour but de donner un libre écoulement à l'eau surabondante.

Tous les trois ou quatre ans on cure les fossés et on rechausse les souches avec le limon qui s'y trouve; ce qui permet de leur fournir un petit engrais sans aucun frais. Beaucoup de planteurs font leurs planches plus petites, et, dans certains pays, il n'est pas rare d'en voir ayant moins de trois mètres et séparées entre elles par des fossés.

Ce procédé a le grave défaut d'occasionner une grande perte de terrain et de favoriser la croissance des herbes parasites, qui n'ont déjà qu'une trop grande propension à se propager sans qu'on facilite leur accroissement. On peut, si on ne veut multiplier les petits fossés, en creuser un très large tous les vingt-cinq ou trente mètres. Cette méthode, qui a été préconisée, est loin de donner un très bon résultat et ne pourrait être employée avec avantage que pour réhausser des terrains trop bas et trop humides. L'espacement à laisser entre les boutures est sujet à bien des controverses. Certains agriculteurs prétendent qu'il faut au moins quarante à cinquante centimètres d'écartement entre les lignes. Je crois, par expérience, qu'il est impossible de donner une règle exacte à ce sujet, attendu que la distance qui doit séparer les plantes les unes des autres dépend beaucoup de la nature du sol; elle doit être d'autant moindre que le terrain est plus sec; plus on plante serré plus l'osier récolté est mince, long et flexible. Il ne faut pourtant point tomber dans l'exagération. En rapprochant trop les pieds, on s'expo-

serait à ce que leurs racines s'épuisassent
mutuellement au détriment de l'osier, qui
n'aurait plus la force de s'élever. En principe,
il vaut mieux planter serré : si par la
suite on s'apercevait que l'on ait trop rapproché les boutures, on aurait toujours la
ressource d'éclaircir. Il est encore bon de
tenir compte de l'espèce que l'on cultive et
de l'usage auquel il est destiné. Il est ad-
mis que tous les osiers cultivés pour la tonnellerie doivent être plus serrés que ceux
destinés aux ouvrages de la vannerie. On
pourrait donner approximativement, comme
séparation des lignes, vingt-cinq ou trente
centimètres au plus, si le sol est sec. Si
les osiers sont destinés à être employés bruts
ou pelés, il sera préférable de les éloigner
un peu plus.

Quant aux espèces de qualité très inférieure, il faudra leur accorder un plus grand
espacement, étant destinées à des travaux
grossiers qui ordinairement réclament des
brins très longs e très forts. De quelque

9

manière qu'on effectue la plantation, il faut toujours qu'on puisse mettre le pied entre les lignes sans que les ouvriers s'exposent à marcher sur les boutures. Encore un détail qui ne manque pas d'importance : c'est que plus il y a d'espace libre dans les oseraies, plus les mauvaises herbes ont une tendance à les envahir.

On choisit ordinairement, au commencement du printemps, des boutures d'osier sur des pieds très gros et très vigoureux qu'on coupe au moment de la plantation sur des rameaux de deux ans et même plus. Ces boutures, qu'on nomme techniquement billes, doivent avoir environ trente centimètres de longueur et être grosses comme le pouce. Si la plantation s'effectuait dans un terrain tourbeux, le plant devrait être beaucoup plus long pour que les racines, en plongeant dans le sol, puissent mieux résister aux secousses qu'il est difficile d'éviter au moment de la récolte.

Quand on a soigneusement préparé la

terre, la plantation se fait très facilement ;
il suffit d'enfoncer les boutures le plus possible avec la main et de couper ensuite
avec un sécateur ce qui dépasse le niveau
du sol. Si on éprouvait trop de difficulté, on
pourrait avoir recours au maillet, en ayant
soin de planter toujours les billes de façon à
ce que le bourgeon donne son rejet vertica-
lement.

Quelque temps après la plantation, quand
les herbes commencent à faire leur apparition, on pratique un gros sarclage à la
binette ou à la main pour que les jeunes
pousses d'osier ne soient pas étouffées. Certains cultivateurs ont l'habitude de semer
des carottes ou des navets, ce qui a l'avantage d'empêcher les grandes herbes de croître en fournissant une récolte avant que les
osiers aient couvert le sol de leurs jeunes
rameaux.

Si on ne faisait pas un ensemencement,
il n'y aurait pas urgence à faire un binage
avant le commencement de l'été ; il suffirait

alors d'arracher grossièrement avec la main toutes les plantes qui pourraient entraver la végétation des boutures. A mesure que l'osier prend de la force, les sarclages deviennent de moins en moins fréquents. Au bout de la seconde année, ils ne sont presque plus utiles. Tout le travail se bornant alors à un petit binage par an qui n'est même pas indispensable. L'année qui suit la plantation, on remplace toutes les boutures qui auraient pu manquer. Quand, par la suite, il vient à se produire un vide dans les lignes, on pratique une marcotte avec une tige prise sur une souche voisine qu'on couche à l'endroit désiré, en ayant soin de bien la consolider avec des piquets et de la recouvrir avec de la terre. Quand la marcotte est bien enracinée, on n'a plus qu'à la séparer de la touffe principale par un coup de serpette.

Quoi qu'en dise certains cultivateurs, il ne faut pas couper les osiers l'année même de la plantation, de manière que les souches s'affermissent convenablement dans le sol. D'un autre côté, on ne doit pas écouter le conseil de ceux qui prétendent qu'il faut attendre la troisième année avant de faire la récolte. Ceux-ci étant complètement dans l'erreur, il est preférable de couper dès la seconde année de la plantation ; car il est prouvé que tant que cette opération n'a pas été pratiquée, les souches ne sont pas solidement enracinées.

On doit faire ce travail avec un instrument excessivement tranchant, de manière à ne secouer que le moins possible le jeune sujet. On ne peut guère faire une récolte sérieuse avant la troisième année, époque à laquelle le plant commence à être en pleine vigueur. Jusqu'à ce moment, les tiges qui sont peu longues ne peuvent servir qu'aux jardiniers. Arrivé à la troisième ou qua-trième année, il faut, comme je l'ai déjà dit, recharger les oseraies avec de la terre, afin que celle-ci fasse développer sur le jeune bois un renouvellement de racines :

ce qui augmente prodigieusement la vigueur et la durée des souches.

Il est prouvé que, quand on pratique régulièrement cette opération, on peut prolonger presque indéfiniment l'existence de l'oseraie. Ce travail n'offre aucune difficulté puisqu'il se borne à rejeter sur les plantations tout le limon contenu dans les fossés. S'il n'y en avait pas en quantité suffisante, on ferait transporter sur les lieux des terres neuves ; des terres d'alluvion seraient préférables, si on était en mesure de s'en procurer, ce qui est très facile quand on se trouve dans le voisinage des étangs. Le rechargement doit se faire après la récolte, cela permet de recouvrir complètement les souches sans être gêné par les rameaux, et sans que l'on soit forcé de piétiner sur la terre nouvellement répandue.

Vers la fin de l'hiver, quand les osiers ont pris tout leur développement, on commence à les couper en ayant soin de choisir plutôt un temps humide que trop sec.

On prétend qu'il faut surtout éviter le vent du nord, qui nuirait beaucoup à la qualité du produit en le desséchant trop rapidement. La coupe doit se faire sur le jeune bois à une distance d'un millimètre tout au plus du vieux. On ne saurait trop recommander aux ouvriers de ne pas laisser de longs tronçons ; ceux-ci finiraient par transformer la souche en tête de saule ; ce qui serait le moindre inconvénient si le végétal ne tardait pas à dépérir sans qu'on puisse y remédier le rechargement ne pouvant avoir aucune action salutaire dans de telles conditions, les pieds étant trop élevés pour qu'on puisse les recouvrir de nouvelle terre. Le rajeunissement de la plante devenant impossible, on n'a plus d'autre ressource que de détruire l'oseraie au bout d'une douzaine d'années. Ce laps de temps écoulé, l'exploitation ne serait plus assez rémunératrice pour qu'on puisse la continuer avantageusement. Quand la culture de l'osier est bien comprise, les souches s'élèvent tellement peu au-dessus du niveau du sol que, dans une oseraie fraîchement coupée, il est facile de marcher sans s'exposer à tomber en les heurtant. Le cultivateur devra exercer une surveillance très active pour empêcher que les bestiaux ne pénètrent dans l'oseraie. Les animaux feraient en peu de temps des ravages considérables. Il en est de même des chasseurs dont les plombs ne manqueraient pas de causer de grands dégâts. Après avoir indiqué tous les procédés actuellement en usage dans l'exploitation des oseraies, il peut être utile de donner quelques détails sur la culture de l'osier, quand il est employé pour garantir le sol de la déprédation des eaux ou pour utiliser le fond des ruisseaux. On peut de cette façon se donner un revenu d'une certaine importance, tout en remplissant les buts que nous venons d'indiquer. Il suffit pour la réussite de bien choisir parmi les espèces d'osiers. Je crois qu'on ne pourrait mieux faire que de prendre le saule à une étamine qui, par la grande extension de ses racines, est le plus apte à soutenir les terres mouvantes. Sous ce rapport, on ne pourrait lui trouver de rival parmi ses congénères. En général, tout lieu submergé peut être utilisé pour la culture des osiers ; mais la plantation ne peut s'effectuer de la même façon que sur la terre ferme. Voici comment on procède : on coupe sur des rameaux de deux ou trois ans de longues boutures d'au moins un mètre à un mètre cinquante, selon la hauteur moyenne des eaux. Quand on a réuni la quantité suffisante, on les enfonce à une profondeur de trente centimètres, ce qui est plus que suffisant dans la majeure partie des cas, et on espace les pieds entre eux de cinquante centimètres. Ces boutures sont très vigoureuses et poussent rapidement par le sommet, en formant de petites têtes qu'on coupe au niveau des eaux tous les ans. On doit, comme pour la culture ordinaire, éviter quand on récolte les rameaux d'ébranler les souches en tirant dessus : ce qui ne manquerait pas de les déraciner. Il est certain que par le procédé que je viens d'indiquer on n'obtient pas des coupes aussi abondantes que dans les oseraies dont le sol est cultivé. Mais comme on n'a aucun frais, tout est bénéfice ; c'est pourquoi cette culture a bien des amateurs parmi ceux qui habitent le bord des eaux.

L'osier trouve encore son emploi dans la décoration des parcs et des jardins où il fait le plus bel effet, quand les premières gelées ont fait tomber toutes ses feuilles ; l'éclat de ses brins de toutes nuances suffit pour charmer nos yeux et jeter une note gaie au milieu de la tristesse du paysage hivernal.

MANIÈRES D'EXPLOITER L'OSIER

CHAPITRE XII

Il y a trois manières différentes d'exploiter l'osier, variant selon sa, qualité et l'usage auquel il est destiné. L'exploitation la plus simple consiste dans la vente du produit brut, c'est-à-dire pourvu de son écorce, ce qui a toujours lieu pour les osiers de qualité inférieure. Bien que les résultats soient moins bons, beaucoup préfèrent cette manière d'agir, à cause du peu d'embarras qu'elle occasionne ; car, la plupart du temps, les marchands viennent chez le producteur faire leurs offres d'achats sur pied. Cette façon de se débarrasser de ses récoltes est loin de donner tous les avantages qu'on serait en droit d'attendre. Les frais de la récolte étant supportés par les marchands, ceux-ci n'ont qu'un but : faire le travail avec le plus de célérité possible, sans se soucier du tort qu'ils font à l'oseraie en ne coupant presque jamais les brins assez courts, ce qui demanderait trop de soin et trop de travail. De plus, ils serrent leurs bottes outre mesure : et cela cause un réel préjudice au propriétaire, quand il s'agit d'une exploitation importante. Il est bien préférable d'opérer soi-même, c'est le seul moyen d'avoir un travail fait consciencieusement. L'osier qui ne doit être ni pelé ni fendu, se récolte de la fin de novembre à la fin de mars. Dès que les brins sont coupés, on élague avec une serpette bien tranchante toutes les ramifications qui s'y trouvent et qui ne feraient que diminuer la valeur de la marchandise. Ensuite, quand on a enlevé toutes

les ordures qui sont agglomérées à la base
des osiers, on n'a plus qu'à les diviser
en trois catégories de longueur ainsi dé-
nommées : le grand qui doit avoir deux
à trois mètres, le moyen de un mètre vingt-
cinq à un mètre soixante-quinze et le petit
de soixante à quatre-vingt-dix centimètres.
Quand on a soigneusement séparé les différentes longueurs, on procède au bottelage.
Il est impossible d'indiquer d'une façon pré-
cise la dimension qu'il faut donner aux
bottes, attendu qu'elle varie suivant les localités. Cependant la grosseur la plus usitée
est un mètre dix-sept de circonférence. Le
serrage s'effectue ordinairement avec un
chevalet, ce qui permet de faire beaucoup
d'ouvrage en un court espace de temps.
faut avoir soin de serrer fortement les deux
liens qui entourent la botte, afin de redres-
ser tous les brins recourbés qui nuiraient
à l'apparence de la marchandise. Autant
qu'il est possible, on évitera de faire entrer
des voitures dans une oseraie : leur char-

gement ne devant jamais s'y faire, si on ne veut voir les souches écrasées sur tout le parcours des roues.

Si la culture de l'osier brut est celle qui donne le moins de tracas, elle ne peut être comparée à celle de l'osier pelé, au point de vue des bénéfices surtout si les plantations se trouvent dans des départements où la main-d'œuvre est peu coûteuse. Malgré tous ces avantages, beaucoup de personnes ne veulent l'entreprendre à cause du travail qu'exige le blanchîment des brins, travail qui est cependant peu dispendieux, puisqu'il se fait à vil prix par des femmes ou des enfants. Aussi l'exploitation de l'osier pelé est-elle très recherchée des vrais cultivateurs et de tous ceux qui sont désireux de faire vivre l'ouvrier, en trouvant moyen d'accroître leurs revenus.

L'osier qui doit être pelé se récolte à la fin de mars, au moment où il est sur le point d'entrer en sève. Quand il est coupé, on le débarrasse de toutes ses ramifications;

on en forme de petits bottillons que l'on dresse dans des fossés pleins d'eau, afin de développer la sève. Les fossés doivent être disposés de façon que le niveau de l'eau baigne toujours les osiers d'au moins quarante centimètres et qu'ils ne soient jamais exposés à se dessécher; ce qui ne manquerait pas de causer un grand préjudice, en arrêtant la sève dans son mouvement. Il faut encore s'arranger de façon que les bottillons ne soient pas renversés par une cause ou une autre; ce qui est facile, si on a la précaution de disposer des perches horizontalement de manière qu'on puisse y attacher les petites bottes; on évitera, si possible, de remplir les fossés avec des eaux crues, telles que l'eau de source qui retarde beaucoup la mise en sève. On ne saurait également prendre trop de précautions contre la gelée, en recouvrant légèrement les osiers avec de la paille : car les variations de chaud et de froid ne manqueraient pas d'arrêter brusquement et

10.

d'une façon définitive le mouvement ascensionnel de la sève ; l'écorce ne se détachant pas, l'osier ne pourrait servir que pour être vendu brut. La méthode que je viens d'indiquer étant la meilleure, c'est donc celle que je conseillerai le plus aux cultivateurs. Les produits qu'elle donne sont tout à fait supérieurs comme qualité et sont très recherchés du commerce. Un autre procédé beaucoup plus simple consiste à couper les osiers quand ils commencent à entrer en végétation, et à pratiquer le blanchîment immédiatement et sur place. Malheureusement la marchandise ainsi obtenue est peu estimée des négociants qui préfèrent de beaucoup les produits que donne la mise en sève forcée. Le système qui consiste à peler tout de suite après la coupe, a encore le désavantage d'exiger un travail très rapide, nécessitant, quand on opère sur une grande échelle, un personnel nombreux qu'il est parfois difficile de se procurer à une saison où peu de bras

sont inoccupés. Avec la mise en sève forcée, on peut répartir le travail en plusieurs
mois, si l'exploitation est très importante.
Voici dans ce cas comment on doit s'y prendre. A-t-on l'intention de blanchir une
certaine quantité dans le mois de mai, on
plonge les bottes dans l'eau aussitôt que l'osier
est coupé et on les y laisse séjourner jusqu'à ce qu'on ait terminé cette première
partie. Veut-on au contraire prolonger le
travail jusqu'au mois de juin, on ne met
les bottes à l'eau qu'une quinzaine de jours
seulement après la coupe. Si enfin on dési-
rait retarder l'opération jusqu'au commencement de juillet, on n'aurait qu'à mettre
les osiers à l'eau immédiatement après la
récolte tant que les bourgeons commencent à se montrer ; ensuite on les retire
pour les mettre dans une cave bien fraî-
che, puis on remet les bottes une seconde
fois à l'eau pendant une huitaine de jours.
Le moment favorable pour commencer le
blanchîment est celui où les bourgeons

commencent à s'épanouir. Ce travail est très facile et peu fatigant. La personne assise engage le brin d'osier par le gros bout dans un crochet spécial en bois garni d'acier et tire ensuite vivement à elle ; ce qui enlève l'écorce à l'endroit qui se trouve en contact avec l'instrument. On retourne alors le brin dans le sens inverse pour enlever tout ce qui reste d'écorce. Les rameaux qui doivent être bien nets sont rangés par catégories de grandeur comme pour l'osier brut. La manière de peler que j'indique, quoiqu'un peu primitive, ne manque pas d'être la meilleure. Tous les instruments perfectionnés, inventés jusqu'à ce jour, ont toujours laissé beaucoup à désirer au point de vue pratique, et il vaut mieux se servir de l'ancien crochet, qui a l'avantage de ne jamais écorcher ni casser les brins, ce qui arrive presque toujours avec les autres systèmes.

Comme l'osier blanchi demande à être séché rapidement, on l'étale, aussitôt qu'il

est pelé, aux rayons du soleil pour qu'il
perde promptement tout ce qu'il peut avoir
d'humidité, en prenant bien attention de
ne pas le déposer dans les endroits où il
pourrait se salir. Pour éviter ce dernier dé-
sagrément, il est préférable d'éparpiller de
la paille sur le sol. Quand l'osier est bien
sec, et qu'on ne redoute aucune espèce de
fermentation pouvant nuire à sa conserva-
tion, on procède à la confection des bottes
qui doivent avoir la même dimension que
pour l'osier non pelé. On a quelquefois un
grand avantage à faire faire ce travail par
des ouvriers spéciaux qui, ayant une très
grande habitude, font les bottes beaucoup
plus soigneusement et à un prix très mi-
nime. On peut également pratiquer le blanchîment à la tâche ; dans ce cas le salaire
subit de nombreuses fluctuations qui pren-
nent leur cause dans la grosseur plus ou
moins grande des brins. Il est facile de
comprendre que plus ceux-ci sont fins plus
il y en a dans une botte. On peut calculer

qu'une ouvrière très active n'en fait pas plus de deux par jour. Ce travail est si peu fatigant qu'on substitue souvent aux femmes des enfants. Malheureusement il est bien difficile de compter sur eux, leur humeur joueuse ne leur permettant pas de faire un travail soutenu et régulier.

Il faut éviter de jeter les écorces d'osier, comme on le fait trop souvent, celles-ci pouvant être utiles aux jardiniers qui s'en servent pour lier leurs salades. On peut encore en donner par petites portions aux bestiaux qui en sont très friands. On prétend même que les vaches et les chèvres qui en mangent ont le beurre d'un goût très délicat. Le principe amer qui se trouve en grande quantité dans l'écorce forme, dit-on, un remède excellent pour guérir la cachexie des moutons. On le voit, il serait réellement regrettable de ne pas tirer parti d'un déchet aussi utile et qui est même d'une vente courante en Belgique.

Si on ne vend pas l'osier aussitôt récolté,

ou préparé, on doit le déposer dans des granges ou des hangars de dimension suffisante pour que l'air y circule avec facilité, et que l'humidité ne puisse engendrer aucune moisissure. Il sera prudent de toujours laisser les lucarnes ouvertes, pour établir un courant d'air. On aura soin également de ne pas mettre les bottes directement sur la terre. Voici la meilleure manière de s'y prendre à cet effet. On étale sur le sol de longs madriers, de distance en distance, sur lesquels on dispose les bottes : c'est le moyen le plus pratique pour éviter que la rangée qui touche directement la terre ne pourrisse. Quand les locaux manquent pour remiser les produits, on peut les laisser dans les champs. Après avoir installé des poutres, comme je viens de l'indiquer, on couche les bottes horizontalement, puis, quand on est arrivé à une certaine hauteur, on en diminue un petit nombre à chaque rang pour que le tout, en terminant, ait la forme d'un toit incliné de quarante-cinq degrés. La dernière rangée doit être posée obliquement sur les autres, pour que l'eau puisse glisser sans pénétrer à l'intérieur de la réserve.

On ne saurait mieux comparer ce travail qu'à celui qu'exige une meule de paille. Il serait tout à fait nuisible de recouvrir les rameaux pelés avec du foin ou toute autre matière analogue, car on entretiendrait une humidité qui les pourrirait en peu de temps. L'osier se conserve très bien sans qu'on ait lieu de craindre la moindre altération, si on a soin de le tenir dans un lieu abrité de la pluie ; le remisage en plein air ne pouvant être que tout à fait temporaire, il ne faudrait compter les y laisser plus de cinq ou six mois. Le cultivateur a souvent un très grand bénéfice à conserver ses produits jusqu'à la fin de l'année ; l'osier en cette saison devenant plus rare, il atteint un prix beaucoup plus élevé qu'en tout autre moment. Le commencement de l'été est des plus défavorables pour vendre, les marchés étant remplis par les petits producteurs qui cherchent à réaliser immédiatement.

La troisième manière de tirer partie de
l'osier est de cultiver les espèces spéciales,
destinées à être fendues. Dans ce but, on les
coupe beaucoup plus tôt que ceux qui doivent être employés bruts ou blanchis. C'est
du mois de novembre au mois de janvier
qu'on pratique la récolte. On la remise de
suite dans des endroits frais, si elle doit être
fendue dans le courant de l'hiver, avant
qu'elle ne soit complètement séchée. Désire-
t-on au contraire les fendre plus tard, on
les sèche immédiatement. Pour être fendus
les osiers doivent être très longs et avoir au
moins un mètre vingt. S'ils n'atteignaient
pas cette longueur, on aurait énormément
de peine à les vendre aux tonneliers.

Un certain nombre d'osiéristes ne cultivent l'osier rouge ou jaune que pour le
vendre brut à des marchands qui se chargent
de la fente. Si on préférait faire ce travail

chez soi, voici comment il faut opérer. On prend l'osier par le gros bout, on y fait trois ou quatre entailles avec une serpette ; puis on passe entre les fentes un coin que l'on tire jusqu'à ce que l'on arrive au bout du brin, et ainsi de suite pour toutes les autres entailles. Ensuite on assemble le tout par petits paquets de cent ; tous les brins n'atteignant pas la longueur voulue doivent être mis à part dans l'eau pour être blanchis.

Quand on fait la culture sur une très vaste échelle, il est difficile de se borner à un seul mode d'exploitation, vu la différence qui existe entre les diverses terres qui composent un domaine. Souvent l'osiériste est forcé de planter un certain nombre d'espèces qui ne comportent pas toujours la même préparation. Il est très avantageux d'accorder la plupart de ses cultures aux osiers qui doivent être vendus bruts ou pelés, ceux-ci étant d'un placement très facile. L'osier fendu, tout en rapportant de gros bénéfices, subit depuis un certain nombre d'années une petite crise, les cercles de fer ayant une tendance à remplacer les cercles de bois. Ce serait pourtant une grave erreur de bannir complètement les espèces à fendre de ses cultures. Au contraire, on ne saurait trop engager les cultivateurs à lui accorder une belle place dans leurs plantations. Mais je le répète, il est d'un usage trop spécial pour les occuper entièrement.

La valeur commerciale des osiers est sujette à subir quelques fluctuations dans le courant d'une même année; ainsi un mois ou deux avant le jour de l'an, les osiers ont une tendance à la hausse à cause de la grande consommation qui existe à cette époque de l'année pour les emballages. L'osier fendu atteint son prix le plus élevé vers les mois de septembre et octobre, époque des vendanges. C'est au cultivateur à savoir choisir le moment pour opérer la vente. Si les prix étaient par trop bas, il serait préférable d'attendre la hausse, les osiers pouvant se conserver fort longtemps sans s'altérer. Il est très facile pour les petits producteurs de se créer une clientèle fixe parmi les vanniers qui achètent règulièrement tous les ans, à des prix plus rémunérateurs que les marchands en gros. Quant aux personnes qui ont de très grandes exploitations, il ne leur sera pas difficile de faire de brillantes affaires avec l'Amérique du Nord, qui est le centre d'un débouché très important. La Belgique et l'Angleterre ne produisant que peu d'osier, on a encore de ce côté un débit considérable. Comme on le voit, la vente des récoltes ne saurait être l'objet d'aucun doute.

COMPTE DE PLANTATIONS
D'OSIER VERT

CHAPITRE XIII

Voici à titre de renseignement un compte de mes plantations d'osier vert.

Il est bon de faire remarquer que ces chiffres s'appliquent à l'exploitation d'un produit de qualité inférieure, et de l'emploi d'une terre très marécageuse.

PREMIÈRE ANNÉE

Défoncement d'un hectare . Fr.   200   »
Frais de plantation   50   »
Plant   100   »
Location de terrain   25   »
Entretien   50   »
Intérêt des sommes avancées
à 3 0/0 environ . . . . , .   12 75

TOTAL. . . . Fr.   437 75

DEUXIÈME ANNÉE

Somme avancée l'année précé-
dente . . . . Fr.   437 75
Entretien   50   »
Location.   25   »
Intérêt de l'argent à 3 0/0 en-
viron 15 35

528 10
Récolte de 310 bottes à 1 fr. 30 c.   403   »

Avance non couverte TOTAL . Fr.   125 10

TROISIÈME ANNÉE

Avance non couverte . . . Fr.	125	10
Binage et récolte.	25	»
Location.	25	»
Intérêt environ	5	25
	180	35
Récolte de 400 bottes à 1 fr. 30 c.	520	»
Bénéfice net. . . Total . . . Fr.	339	65

QUATRIÈME ANNÉE

Location. . . . . Fr.	25	»
Entretien et récolte	25	»
	50	»
Récolte de 500 bottes à 1 fr. 30 c.	650	»
Bénéfice net. . . Total . . . Fr.	600	»

COMPTE D'UNE PLANTATION D'OSIER
VIVIMAL

PREMIÈRE ANNÉE

Défoncement d'un hectare . Fr. 200 »
Frais de plantation . . . . . . 50 »
Plant . . . . 250 »
Location de terrain . . . . . . 50 »
Intérêt des sommes avancées
à 3 0/0 environ 16 50

TOTAL . . . . Fr. 566 50

DEUXIÈME ANNÉE

Somme avancée l'année pré- Fr.
cédente 566 50
Entretien . . . . 50 »
Location . . . . 50 »
Intérêt environ 19 65

686 15

Récolte de 300 bottes à 2 francs . 600 »

Avance non couverte . TOTAL . Fr. 86 15

TROISIÈME ANNÉE

Avance non couverte . . . Fr. 86 15
Entretien . . . . 50 »
Location du terrain . . . . . . 50 »
Intérêt de l'argent environ. . . 5 55
                                 ______
                                 191 70
Récolte de 400 bottes à 2 francs . 800 »
                                 ______
Bénéfice net . . . Total . . Fr. 608 30

QUATRIÈME ANNÉE

Location . . . . Fr. 50 »
Entretien, binage et récolte . . 25 »
                                 ______
                                 75 »
Récolte de 500 bottes à 2 francs. 1.000 »
                                 ______
Bénéfice net. . . Total . . Fr. 925 »

Comme on le voit, d'après les deux tableaux qui précèdent, il n'existe que très peu de cultures qui puissent rivaliser avec celle de l'osier. Cependant, pour être complètement exact, il faut ajouter quelques petits frais qui n'ont pas été marqués sur les deux comptes, tels que ceux de transport et de chargement, qui sont toujours à la charge du producteur. Ces petits frais sont si insignifiants comparativement aux bénéfices, qu'il faudrait trop exiger pour ne pas en être satisfait, surtout lorsqu'on réfléchit qu'un pareil revenu est obtenu presque sans travail et sans tracas d'aucun genre.

MALADIES ET ACCIDENTS DIVERS

CHAPITRE XIV

Quoiqu'il n'y ait pas de plante plus
robuste que l'osier, il est cependant sujet,
comme tous les végétaux, à des maladies et
accidents imprévus, qu'il n'est pas de l'intelligence humaine de pouvoir prévenir. En
tous cas, il est extrêmement rare que la
vigueur de l'arbrisseau ne finisse par triompher de tous les obstacles, et la plupart du
temps on n'éprouve qu'une petite diminution
dans le rendement. Quelle est la culture
qui ne soit de temps à autre éprouvée? En

existe-t-il qui ne subisse les atteintes de la grêle ou de la gelée? Non, n'est-ce pas? Pourquoi en serait-il autrement de la plante qui nous occupe? S'il existe des faits que le cultivateur ne peut prévoir, il en est d'autres qu'il peut conjurer ou atténuer : c'est de ceux-ci que nous allons nous occuper.

Il arrive très souvent que la première année de la plantation, les jeunes pousses sont dévorées par de grosses limaces rouges, qui en sont très friandes. Il est facile aux lecteurs de comprendre tout le dégât que ces vilaines bêtes peuvent causer dans une jeune oseraie. Comment voudrait-on qu'une bouture puisse prospérer, si ses bourgeons sont toujours rongés. Elle serait fatalement condamnée à périr si l'osiériste ne prenait toutes les mesures possibles pour anéantir les causes du mal. Aussitôt qu'on s'aperçoit que les limaces deviennent trop abondantes, il faut immédiatement s'occuper de les détruire en répandant de la chaux vive sur toute la surface du sol. Pour faire ce travail, il est préférable de choisir un temps de brouillard ou le moment qui précède la pluie. Sous l'influence de l'humidité, les limaces ne tardent pas à ramper dans toutes les directions; peu de temps après qu'on a répandu la chaux vive, on voit ces petits mollusques se tordre et périr sous l'influence des matières alcalines.

Il arrive parfois que les jeunes osiers ont leurs racines mangées par divers insectes dont le ver blanc ou larve du hanneton est le plus redoutable, principalement pour les plantations de l'année. Tous ceux qui auront suivi scrupuleusement mes indications seront à l'abri des inconvénients que je signale. Les larves étant détruites au fur et à mesure qu'on les voit, elles ne sauraient se montrer dans des terrains qui ont été soigneusement défoncés. Si, par la suite, elles faisaient apparition, les souches seraient assez fortes pour résister, et on n'aurait pas lieu de les craindre. Parmi les parasites, le plus dangereux est celui qui attaque le sommet des brins quand ils ont toute leur longueur et y détermine un panache ayant, comme je l'ai dit dans le cours de cet ouvrage, la forme de l'amarante queue de renard. Ce mal est resté jusqu'à présent rebelle à toute tentative de remède. L'osier, attaqué comme je viens de l'indiquer, n'est pas complètement perdu, mais bien amoindri comme valeur.

Certains insectes de la famille des coléoptères ont des larves qui rongent pendant l'été le feuillage; le plus à craindre est celui qui a une coloration d'un noir bleu métallique. Contre cet ennemi quelques personnes recommandent un semis de cendres pyriteuses. Personnellement, je n'ai obtenu avec ce moyen qu'un succès très restreint. Je conseillerais plutôt de semer de la chaux vive en poudre, ce procédé m'a toujours donné un bon résultat.

La piqûre de certains pucerons détermine parfois sur quelques espèces d'osier, spécialement sur le saule laurier, de petites excroissances qui, lorsqu'elles sont très nombreuses, courbent les branches sous leur poids ; celles-ci alors, au lieu de filer droit, se ramifient en prenant toutes les formes possibles au grand détriment de la plante et de sa qualité. On ne reconnaît aucun remède contre cet état de choses, qui fort heureusement ne se généralise que très rarement.

La rouille est une maladie qui fait quelquefois des ravages dans les oseraies, et contre laquelle on ne peut guère remédier ; elle est occasionnée par un petit champignon dont le germe est souvent apporté par le vent ou par le voisinage d'un arbrisseau, l'épine-vinette, ayant presque toujours sur lui le parasite de cette maladie si terrible pour les blés. Les plantations qui sont bien exposées ne sont que rarement attaquées du mal dont je parle. L'osier rouillé n'est pas sans aucune valeur, et il peut être vendu avec facilité pour la grosse vannerie.

Parmi toutes les plantes parasites, celle qui cause les plus grands dégâts est le liseron, qui non seulement anéantit la récolte, mais compromet l'existence même des cultures. Les oseraies qui ont été défoncées à leur création, n'ont pas à en souffrir ; c'est pourquoi je recommande encore une fois à mes lecteurs ce travail préliminaire, qui est d'une si grande importance pour la réussite de l'entreprise. Une fois que le liseron est entré dans une culture, il est impossible de le détruire, ses racines se confondant alors avec celles des plantes cultivées. Quand on laisse envahir une plantation par le convolvulus, on n'a plus qu'une chose à faire, la détruire, car elle finirait toujours par succomber. Il vaut donc mieux prendre les devants et éviter de cette façon une grande perte de temps. Plus on laisse la végétation du liseron prendre de l'extension, plus il devient difficile de l'extirper, quand on y parvient.

Maintenant il ne me reste plus rien à dire sur un sujet que je crois avoir complètement épuisé. Je n'ai donc plus qu'à souhaiter bonne chance aux personnes qui entreprendront la culture que je préconise, et je suis convaincu de leur réussite si elles ont suivi ponctuellement toutes les indications que j'ai données dans le cours de ce livre, qui n'a qu'un but : créer le bien-être des uns, et agrandir la fortune des autres.

FIN

TABLE

PARIS. — IMPRIMERIE CHAIX. — 21310-10-93. — (Encre Lorilleux).